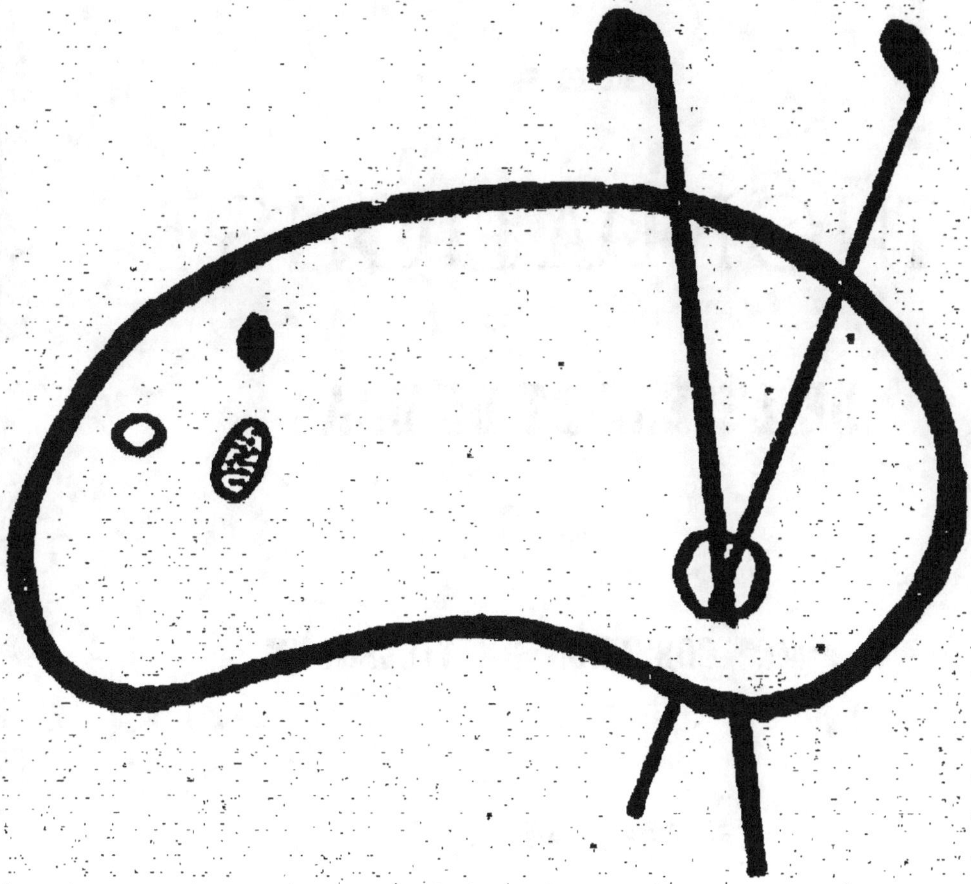

DEBUT D'UNE SERIE DE DOCUMENTS
EN COULEUR

LES

INONDATIONS

DE L'ISÈRE ET DU DRAC

PAR

Le général COSSERON DE VILLENOISY

GRENOBLE
LIBRAIRIE MILITAIRE
Xavier DREVET, éditeur
Imprimeur-Libraire de l'Académie
14, rue Lafayette, 14
Succursale à Uriage-les-Bains.

LIBRAIRIE XAVIER DREVET

LIBRAIRIE DE L'ACADÉMIE — MAISON FONDÉE EN 1785
14, rue Lafayette, 14, GRENOBLE
Succursale à Uriage-les-Bains
Bureaux du Journal LE DAUPHINÉ

BIBLIOTHÈQUE ALPINE MILITAIRE
(Honorée d'une souscription du Ministère de la Guerre.)

Pezay (marquis de). — **Description militaire des vallées des Grandes Alpes** (Dauphiné, Provence, Italie), avec Index des appellations anciennes et modernes. — Un beau vol. in-8°. 2 fr. 50

La Blottière, maréchal de camp. — **Les frontières de France, Savoie et Piémont**, Mémoire pour servir d'instruction tant pour le campement des armées que pour les faire manœuvrer. (Manuscrit militaire inédit.) — Un volume in-8° avec *deux plans*.................................... 3 fr. 50

Aguiton (D'). — **Guerre offensive et défensive de la France contre le Piémont et du Piémont contre la France. Mémoire militaire.** — Un volume grand in-8°, avec *deux cartes*. 2 fr. »

Paris (G.-C.). — **Des Excursions et Ascensions d'Hiver dans la Montagne.** *Habillement, Equipement, Raquettes, Alimentation, Marche dans les neiges*, etc. — Un volume in-16, avec dessins techniques .... 1 fr. »

Maignien (Ed.). — **Le Lieut.-Général Bourcet et sa famille.** Un volume in-16, avec *Portrait du Général* et gravure..... 1 fr. »

Chabrand (A.). — **La Guerre dans les Alpes.**— In-16.. 1 fr. 50

Guerres de Religion en Dauphiné (1512-1612). — **Mémoires de** *Fr. Joubert et S. de Mères*. (Manuscrit inédit.) — Un vol. in-16.. ... 1 fr. 50

Brossier (Colonel). — **Notes sur les cols entre la France et le Piémont.** (Manuscrit militaire, *inédit.*) Etc., etc.

Bourcet (Capitaine André de). — **Description des vallées des Barbets.** (Manuscrit militaire, *inédit.*)

Bourcet (Capitaine André de). — **Mémoires divers sur les vallées du Haut Dauphiné.** (Manuscrit militaire, *inédit.*)

Bourcet (lieut.-général P. de). — **Mémoires militaires sur les frontières de la France, du Piémont et de la Savoie, depuis l'embouchure du Var jusqu'au lac de Genève.** — *Edition complète annotée par Un Comité d'Officiers et Géographes.* — Un beau volume in-8°, avec *Carte.*

Ladoucette (baron), préfet. — **Histoire des Hautes-Alpes.** Topographie, Usages, Dialectes, etc. 3e édition.— Un beau volume avec *Atlas* de Plans, Cartes, Vues, etc....................... 15 fr. »

Chabrand (A.). — **Vaudois et Protestants des Alpes.** Documents inédits sur les Alpes Dauphinoises et Piémontaises. — Un volume in-8°... 6 fr. »

Bourcet (Lieut.-général P. de). — **Carte géométrique du haut Dauphiné** et du comté de Nice, dressée au 1/86400. — 9 feuilles gravées sur cuivre.......................... ...... 27 fr. »

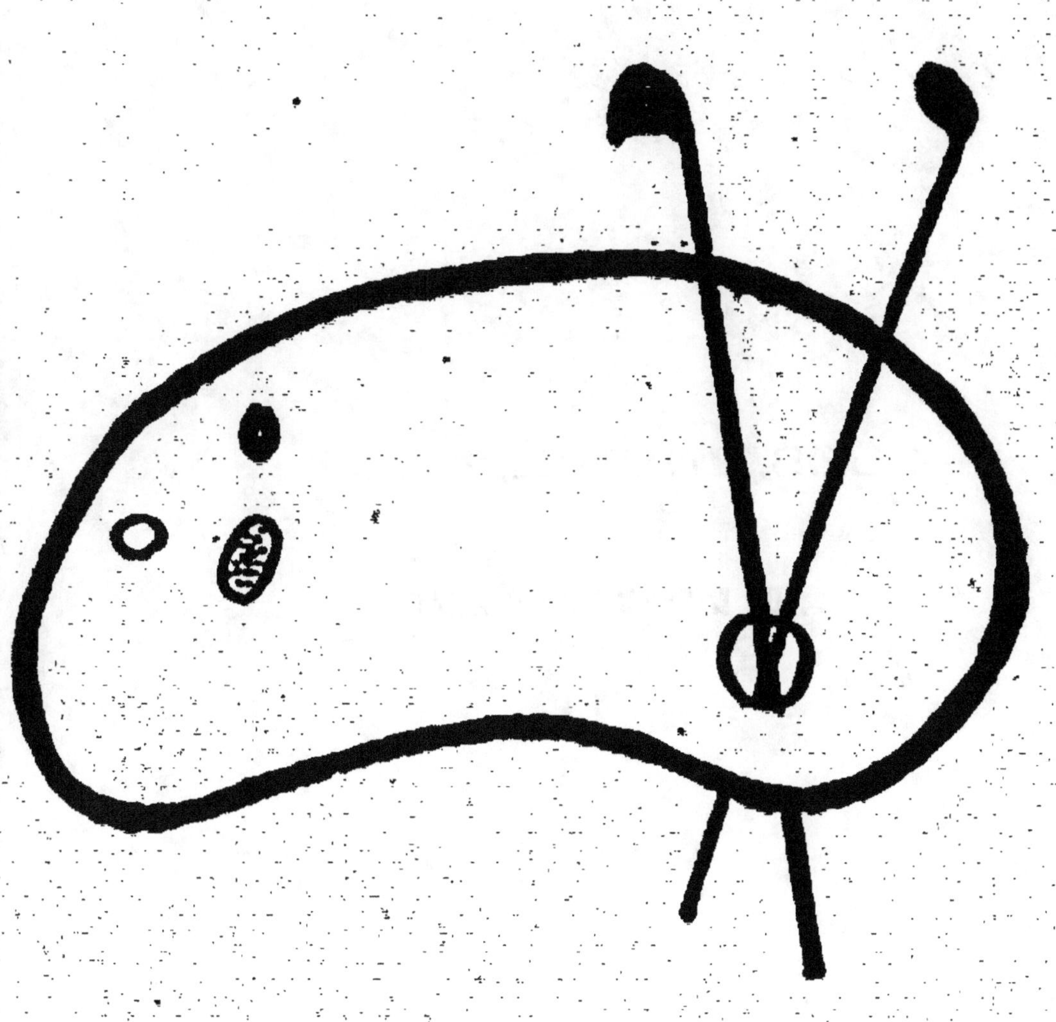
FIN D'UNE SERIE DE DOCUMENTS
EN COULEUR

LES INONDATIONS

DE L'ISÈRE ET DU DRAC

BIBLIOTHÈQUE SCIENTIFIQUE DU DAUPHINÉ

LES
INONDATIONS

DE L'ISÈRE ET DU DRAC

PAR

Le général COSSERON DE VILLENOISY

GRENOBLE

LIBRAIRIE MILITAIRE

Xavier DREVET, éditeur

Imprimeur-Libraire de l'Académie

14, rue Lafayette, 14

Succursale à Uriage-les-Bains.

Publication du Journal *Le Dauphiné*.
Directeur : Xavier DREVET, rue Lafayette, 14, Grenoble.

LES INONDATIONS

DE L'ISÈRE ET DU DRAC

De tout temps la vallée de l'Isère a été exposée à des inondations désastreuses. Peu d'années se passent sans que les eaux de cette rivière s'élèvent assez pour recouvrir les campagnes qu'elle arrose. A des intervalles heureusement moins rapprochés, les débordements atteignent des proportions inquiétantes, sans que rien permette de prévoir l'importance qu'acquerra la crue, et, par suite, de prendre des précautions pour s'en garantir. Les dernières grandes inondations sont : celle de 1856, due surtout au Drac, qui a ravagé les plaines au-dessous de Grenoble, et celle du 2 novembre 1859, qui a dévasté la Savoie, le Graisivaudan et la ville de Grenoble, ainsi que le bas de la vallée. Dans cette journée funeste, la hauteur de l'eau a varié de un à deux mètres dans la ville, dont tous les rez-de-chaussées ont été submergés ; de trois à quatre mètres dans les quartiers bas du faubourg Saint-Laurent, où l'on a dû évacuer le premier étage des maisons. Au-dessous de Grenoble, et jusqu'au confluent du Rhône, les dégâts n'ont pas été moindres. Des granges, des maisons ont été détruites, le sol a été raviné, des troupeaux ont péri et même un certain nombre de personnes.

L'aspect d'une vaste plaine subitement convertie en lac et parcourue par un courant violent, les eaux battant sur les deux rives les flancs des montagnes, formaient un spectacle majestueux et triste, qui reste profondément gravé dans la mémoire de ceux qui ont pu le contempler. L'inondation de 1859 a rappelé les malheurs de 1816 et ceux du siècle dernier, si exactement racontés dans une poésie patoise : *Grenoblo Mathérou*. Mais si intéressants que soient ces souvenirs, conservés par des récits populaires, ils ne suffisent pas aux ingénieurs, dont la mission est d'étudier les fléaux, d'en décrire la marche, pour en prévenir le retour ou au moins en atténuer les effets. Tous les ingénieurs, civils ou militaires, qui étaient chargés d'un service à Grenoble, lors de l'inondation de 1859, sont morts. Le hasard m'a donné l'occasion d'y assister, et c'est un spectacle dont rien n'égale la saisissante impression. Plus tard, lorsque j'ai eu à m'occuper du déplacement de l'enceinte, j'ai dû rechercher quelle influence elle pouvait avoir, et j'ai pu profiter des conversations et des avis de deux hommes d'un grand mérite, tout dévoués aux intérêts de la ville, qui avaient dirigé, en 1860, les travaux de préservation : M. l'inspecteur divisionnaire Berthier et M. l'ingénieur en chef Gentil. Je regarde donc comme un devoir, avant de disparaître à mon tour, de consigner le résultat des études faites avec leur aide, espérant qu'elles pourront être de quelque utilité à nos successeurs.

La rivière d'Isère est formée par la réunion d'un grand nombre de torrents descendus des hautes montagnes du Dauphiné et de la Savoie, qui se groupent dans quatre émissaires principaux : la haute Isère, qui parcourt la vallée de la Tarentaise ; l'Arc, qui suit la vallée de la Maurienne ; le Drac, descendu du Trièves ; celui-ci reçoit, au Saut-du-Moine, la Romanche, qui réunit toutes les eaux de l'Oisans. L'Arc et le Drac sont des affluents de la rive gauche ; la rive droite ne recueille que des ruisseaux sans importance, jusqu'à la Fure, qui lui apporte le trop plein du lac Paladru. Tous les affluents et sous-affluents sont des torrents, jusqu'au moment où ils atteignent l'Isère, torrent elle-même jusqu'à Conflans et même jusqu'à la rencontre de l'Arc, à Chamousset. L'Isère est classée comme rivière navigable au-dessous de Chamousset, mais on n'y voit aucun bateau, rarement même des trains de bois. Le classement officiel est donc tout platonique.

La qualité de l'eau, sa couleur, varient suivant la constitution géologique des terrains traversés. Dans son cours supérieur, l'Isère est limpide, sauf au moment des orages ou de la fonte des neiges. Les crues lui donnent une teinte grise. L'Arvant est un ruisseau impétueux qui arrache une boue noire aux schistes de la Combe-d'Arve et des grandes aiguilles qui la dominent ; il donne une couleur noire très foncée à l'Arc, dans lequel il se jette, et à l'Isère elle-même. Les truites y ont un goût moins fin que celles pêchées dans les eaux claires. Lorsque les pluies ont enflé le torrent de Bréda et les autres ruisseaux qui naissent dans les montagnes ferrugineuses d'Allevard, l'Isère prend une teinte rougeâtre, qui devient même d'un rouge intense si l'orage n'a frappé que cette région seule. Enfin, les pluies de la vallée donnent à l'eau une nuance jaunâtre. On peut déduire de là des pronostics utiles. Si la couleur de la rivière passe, à Grenoble, du jaune au rouge, au noir, puis au gris, on en conclut que les pluies ont été générales, mais que l'afflux des eaux se fait dans l'ordre de la distance des lieux ; aucune élévation nouvelle n'est à redouter. Si les couleurs se succèdent dans l'ordre inverse, les pluies se sont propagées de l'est à l'ouest, l'eau de tous les torrents arrive à la fois et menace la vallée d'un désastre.

L'eau du Drac se distingue très nettement de celle de l'Isère par une teinte constamment blanchâtre. Elle n'est jamais limpide, même aux plus basses eaux, et le conflit des deux courants, au moment où ils se rencontrent, est frappant. Le plus souvent, le Drac se précipite avec impétuosité et repousse l'Isère contre la digue de la rive droite, qu'il bat avec violence ; quelquefois, au contraire, les eaux noires de l'Isère, plus fortes, s'étalent sur les bancs de gravier et maintiennent à leur gauche le courant du Drac. La ligne de séparation demeure bien distincte, sur une grande longueur.

La rapidité avec laquelle les pierres arrachées aux flancs des montagnes sont arrondies, usées, réduites en bouillie, est vraiment surprenante. A Grenoble déjà, l'Isère n'entraine qu'une boue très fine; en amont de la ville, les grandes eaux déposent quelques bancs d'un sable terreux et noir, qui subit ensuite un lavage naturel, à mesure que la rapidité du courant s'atténue, mais ce sable n'est pas d'un bon usage pour les constructions. Le Drac, à la hauteur du pont suspendu, roule encore des cailloux de dix à trente centimètres, mêlés à des graviers plus menus et à du sable siliceux. Quand les eaux sont fortes, ces pierres, entraînées en grand nombre par le courant, se choquent avec un bruit clair, qu'on entend de très loin. Mais au confluent, on ne trouve plus guère que du gros sable et des galets de petite dimension. Les dépôts laissés par les inondations présentent des différences du même ordre. Le Drac couvre la plaine de cailloux et de sables stériles; l'Isère, d'une boue argileuse, en général trop compacte pour être d'un bon effet. Les alluvions de la Romanche, au contraire, fertilisent le sol, de manière à compenser souvent le tort causé par l'inondation. Cette diversité d'effets s'est montrée dans les temps anciens, et, lorsqu'on creuse une tranchée dans la plaine, il est facile de reconnaître l'origine des alluvions que l'on rencontre, d'après la nature des dépôts.

La violence des courants, qui à toutes les époques ont ravagé la vallée de l'Isère, s'affirme d'une manière irrécusable. Longtemps la rive gauche a été impraticable dans le Graisivaudan, parce que la rivière, se déplaçant à chaque crue, la couvrait de marécages et de fondrières, qui marquaient les endroits abandonnés par le courant. Au milieu du siècle dernier encore, la route qui conduisait de Grenoble à Montmélian ne pouvait être tracée que sur la rive droite et devait gravir les nombreux cônes de déjection qui gênent le parcours le long de cette rive. Toute la partie de la rive gauche comprise entre Goncelin et Pontcharra était impraticable, et pour aller de l'un de ces bourgs à l'autre il fallait gagner Allevard en passant par la Tour de Moretel, où était établi un péage. Les travaux d'endiguement faits depuis lors ont assaini la vallée et permis de tracer une route d'un parcours plus facile, parce qu'elle est presque toujours plate.

Depuis Montmélian jusqu'à Grenoble, l'Isère coule du nord-est au sud-ouest, dans une vallée assez large, formée par une faille le long du massif de la Chartreuse, qui appartient au système du Jura. Arrivé à la Porte de France, elle change de direction à angle droit et coule au nord-ouest, dans une fracture de la montagne, jusqu'au bec de l'Echaillon. C'est au point du changement de direction qu'il recevait le Drac, torrent impétueux qui coule du sud au nord, et roule, avec une masse d'eau égale à celle de l'Isère, une quantité de cailloux. Depuis le Pont-de-Claix jusqu'au confluent, la pente du Drac est d'environ quatre millimètres par mètre. Une chute aussi forte entraînant une quantité de débris a rejeté l'Isère contre la montagne du Rachais, et les habitants de Grenoble, élevant leurs maisons sur le bord même de la rivière, ne lui ont laissé, comme nous le verrons, qu'un passage insuffisant. Les grandes crues, toutefois, ne se présentent qu'à des intervalles très éloignés, et, pendant longtemps, celles du Drac étaient les plus menaçantes. Il vagabondait librement dans la plaine, et, pressé souvent par le torrent de la Gresse, il lui arrivait de suivre, à partir de Marseline, le pied des hauteurs de Champagnier, pour joindre l'Isère au-dessus de Grenoble. Lesdiguières, aussi habile administrateur que grand capitaine, remédia à cette situation dangereuse en faisant construire le Pont de Claix et endiguer le Drac, de manière à le forcer à y passer. A cette époque aussi, un bras du Drac, le Draguet, d'importance variable, traversait la ville. La place de Pierres-Pontées doit son nom aux pierres dont on se servait pour le franchir. Lesdiguières rejeta le Draguet dans le fossé de l'enceinte qu'il fit élever, et put tracer à travers la plaine un chemin dirigé sur Vizille, par Bresson et Jarrie, qui porte encore le nom de chemin du Connétable.

Malgré ces améliorations, c'est dans la seconde moitié du siècle dernier seulement que ce torrent furieux, dont le débit peut se réduire à 40 mètres cubes par seconde, et s'élever à 1,600 ou 1,800 mètres, a été définitivement dompté, du moins à l'égard de Grenoble. Un ingénieur du nom de Jourdan enferma le Drac entre deux digues, depuis le Pont de Claix jusqu'auprès de Sassenage, en le rejetant contre le rocher de Comboire. La largeur, la pente et la profondeur du lit ont été si heureusement combinées, que les apports, lors des eaux moyennes ou basses, sont compensés par les emports des crues. Le faible excédent qui pourrait exister en faveur des premiers est compensé par l'enlèvement du sable et des pierres pour les constructions locales. C'est un résultat très remarquable, eu égard aux connaissances en hydraulique que l'on possédait à cette époque. Il fait le plus grand honneur à l'ingénieur Jourdan, dont le canal du Drac porte le nom, car ce canal n'est jamais rempli lors des plus fortes crues, et ne s'encombre pas en temps ordinaire. La digue a été doublée d'une contre-digue, et consolidée par des pilots. Elle présentait quelques points faibles, à Marseline, au-dessous du Pont de Claix, à Comboire et au coude du Polygone; ils ont été fortifiés de manière à ne laisser subsister aucune inquiétude, et cela était bien nécessaire. J'ai entendu raconter par un témoin digne de foi, M. le conseiller à la Cour d'appel Rolland, que, dans sa jeunesse, se trouvant en promenade sur le mont Rachais, il avait assisté à la rupture de la digue du Drac, au village du Pont-de-Claix. L'eau se précipitant comme un ruban argenté, avait suivi le pied des coteaux à Echirolles, pour rejoindre l'Isère vers la Galochère. Si l'on consulte les levers de terrain, on voit, en effet, que cette direction est celle de la plus grande pente. Une rupture à Comboire mènerait les eaux du Drac fort près des fortifications, à la Porte d'Italie.

Un tel résultat, qui surprend au premier abord, s'explique tout naturellement. Ni le Drac, ni l'Isère ne coulent dans la partie la plus basse de la vallée. Lors de leurs débordements, ces rivières, chargées de détritus, en ont déposé une partie près des berges, parce que le cours de l'eau se ralentit en s'épanchant sur le sol. Ces dépôts, augmentant dans la suite des siècles, élèvent le milieu des vallées, le voisinage des rivières qui les parcourent, beaucoup plus haut que la partie située au pied des montagnes. Quelquefois, l'effet est si marqué que la rivière semble couler en suivant le faîte d'un toit. Le moindre accident amène alors un changement dans la direction du lit, et c'est à des faits de cette nature qu'on doit attribuer la divagation incessante de l'Isère et du Drac, avant qu'on les eût endigués.

Quoi qu'il en soit, la solidité indiscutable des digues du Drac, au-dessous du Pont de Claix, un lit assez vaste pour recevoir les eaux des plus fortes crues, doivent inspirer une confiance absolue. Il n'y a aucune crainte d'inondation jusqu'à la jonction avec l'Isère.

Le régime de l'Isère assure-t-il la même sécurité? Hélas non. Lorsque l'hiver est sec et froid, les montagnes sont couvertes de neige et de glaces ; l'absence de pluie réduit à peu de chose les sources voisines de la plaine, et le débit de la rivière peut tomber alors à moins de 40 mètres cubes par seconde. C'est ce que, par un bizarre abus de langage, on appelle l'étiage. Un aussi faible volume d'eau ne se voit presque jamais, et le débit, aux basses eaux, ne descend guère au-dessous de 60 mètres. Une partie seulement du lit est remplie alors; des bancs, des îlots de sable ou de graviers émergent de toutes parts. Que des pluies surviennent, ou seulement la fonte des neiges, de mai à juillet, la masse des eaux s'élève à 2 ou 300 mètres cubes. La largeur de la rivière, entre Montmélian et Grenoble, ne descendant jamais au-dessous d'une centaine de mètres, avec une pente de 1 millimètre par mètre, une profondeur de 3 mètres suffit à un débit de 400 mètres cubes. Le lit de l'Isère se vide alors de tout ce qui l'avait encombré et se creuse sous l'action d'un courant devenu plus rapide; cette rapidité même permet l'écoulement d'un plus grand volume d'eau, et, avec un peu d'attention aux digues, il n'y a point de danger, tant que le débit ne dépasse pas 6 à 700 mètres cubes. (Nous commençons ici à n'employer que des chiffres un peu vagues, car la détermination de la quantité d'eau qui s'écoule est fort difficile et laisse une grande incertitude.) L'eau qui monte progressivement recouvre alors la plaine des Sablons, l'Ile-Verte, le Polygone, parties de la plaine qu'on s'est abstenu d'endiguer, afin que l'eau, s'épanchant sur une plus vaste espace, s'élève moins dans le défilé qui resserre l'Isère entre les quais de la ville et ne menace pas celle-ci. Cette inondation, qui atteint surtout des prairies, ne fait que peu de mal. Les ruisseaux qui parcourent la plaine refluent, s'élèvent eux aussi, mais presque tous sont contenus par des digues. Le mal souffert est minime.

Il n'en est plus de même dans les crues exception-nelles, comme celle de 1859, où le volume des eaux a été évalué à 1,690 mètres cubes. Des marques tracées au siècle dernier, dans le jardin de l'hôpital, ont même donné à penser que la crue d'alors avait pu entraîner une masse d'eau plus considérable, que l'on a estimée pouvoir être de 1,800 mètres cubes. Rien alors ne peut retenir le torrent dévastateur, c'est la vallée entière qu'il lui faut pour s'écouler, car s'il se précipite avec violence aux points où les digues sont emportées, il ne tarde pas à se ralentir, arrêté qu'il est par les haies, par les vignes et surtout par le frottement des eaux contre le sol. Alors il y a une disproportion manifeste entre le lit de la rivière et le volume des eaux qui s'y précipitent.

Il se présente donc deux questions à résoudre :

Protection de la vallée contre les inondations de l'Isère et du Drac;

Protection spéciale à donner à la ville de Grenoble.

On a contesté l'utilité des digues de l'Isère, parce que, incapables de préserver des grandes inondations, elles aggravent le mal aux points où se fait une rup-ture inévitable. On leur a reproché aussi de ne pas être assez fortes et de ne point laisser au courant un débit suffisant, résultat obtenu pour le Drac.

Ces reproches sont tout à fait injustes. La pré-voyance humaine est impuissante contre les grands cataclysmes, mais elle réussit à éviter la plupart des maux qui surviennent quand les dangers sont moin-dres. Depuis l'organisation actuelle des digues, celle des syndicats de propriétaires à laquelle M. Gentil a pris une si grande part, les digues ont nombre de fois protégé la vallée de l'Isère. Une ou deux fois par siècle elles seront insuffisantes. Elles ont coûté des sommes considérables, sans doute, mais ces sommes ont été bien employées, et, sans cela, la rivière, continuant ses divagations, dévasterait chaque année une partie de la plaine, comme elle le faisait dans les siècles passés. Toutes les fois qu'une crue ne dépasse pas 4 ou 500 mètres, la protection est assurée. Jusqu'à 6 ou 700 mètres l'eau se répand dans les endroits bas, par infiltration ou par le refoulement des affluents, sans causer de grands dégâts. Un tel résultat a bien sa valeur. On aurait à prix d'argent largement augmenté l'épaisseur des digues, sans obtenir davantage. Le lit de la rivière ne comportant pas un débit plus considérable, il faut qu'elles cèdent, et les consolider en un endroit ne ferait que reporter la rupture à un autre.

Aurait-on dû augmenter la largeur du lit de la rivière, tant en amont de Grenoble qu'au-dessous du confluent du Drac? Mais on ne réfléchit pas à l'énorme disproportion qui existe entre des volumes d'eau variant de 40 à 1,800 mètres cubes. Un lit suffisant pour ce dernier débit se serait encombré aux basses eaux et même aux crues moyennes, à cause des dépôts amenés par le ralentissement du courant. Le fond de la rivière se serait rapidement exhaussé, et, au bout d'un certain nombre d'années, aurait dépassé le niveau de la plaine, comme cela arrive au Drac, dont les eaux moyennes dépassent, au pont suspendu, de quatre mètres le niveau de la place Grenette. Si l'admirable canal Jourdan convient aux plus fortes eaux comme aux plus faibles, cela tient à la rapidité de leur cours, qui peut atteindre la vitesse d'un cheval au galop, et emporte sable, galets et pierres, triomphant sans peine de la résistance qu'apporte le frottement contre le fond et les bords. Le danger n'existe qu'à la rencontre de l'Isère où l'eau, ralentie par la diminution de la pente, s'enfle et menace de renverser les digues sur une rive ou sur l'autre.

Serait-il possible de donner aux eaux de la rivière un passage médiocre en temps ordinaire, très large lorsqu'il y a menace d'inondation? Oui, mais il reste à examiner si la dépense n'excéderait pas le bénéfice de l'opération. On pourrait tracer sur le flanc ou au pied des hauteurs un ou deux canaux, vers lesquels on rejetterait les eaux en temps ordinaire, pour les faire servir à l'arrosage de la vallée. Le lit actuel de la rivière leur serait interdit, pour ne leur être livré qu'au moment où l'on craindrait l'inondation. Il n'y aurait plus à redouter l'obstruction d'un lit trop large. Mais si l'on calcule le prix du terrain enlevé à l'agriculture, la dépense des travaux, l'intérêt de l'argent employé en vue d'un mal qui peut n'arriver que dans un temps éloigné; si l'on met en présence les bénéfices de l'irrigation et les dommages évités, on sera probablement peu disposé à user du remède, quoique son effet soit assuré.

On pourrait aussi adopter une disposition admise sur quelques parties de la vallée de la Loire, et élever une seconde digue à une distance convenable de celles qui existent. L'espace compris entre elles serait destiné à la submersion lorsque la rivière atteindrait un certain niveau. Des précautions seraient prises pour amener l'eau sans violence et l'on obtiendrait ainsi le lit supplémentaire destiné à assurer l'écoulement de la totalité des eaux de crue. La dépense serait moindre que pour la disposition précédente; mais les propriétaires sacrifiés se soumettraient-ils de bonne grâce? la législation permettrait-elle de les contraindre, moyennant une indemnité? obtiendrait-on des Chambres une loi d'exception, basée sur une nécessité d'ordre supérieur? Autant de difficultés qu'il faudrait résoudre. Ce sont elles, probablement, qui ont empêché de prendre ce parti, auquel on a certainement dû penser. Et cependant, faute de précautions indispensables, la vallée de l'Isère, de Montmélian, ou même d'Albertville au Rhône, est fatalement exposée à subir, un jour ou l'autre, les désastres qui l'ont atteinte à plusieurs reprises.

On peut se demander à quel sentiment d'imprévoyance les habitants de Grenoble ont cédé autrefois, lorsque, descendant des hauteurs de la Tronche et du versant est du Rachais, ils sont venus s'établir dans la plaine, surtout lorsqu'ils ont commis la faute énorme, irréparable peut-être, de rétrécir outre mesure la rivière, dans un lit manifestement insuffisant. Ils ont été bien imprévoyants. La même quantité d'eau devant passer à chaque instant en amont, en aval et dans le défilé créé par les quais de la ville, le défaut de largeur doit être compensé par une augmentation de la profondeur ou de la rapidité du courant. Une triste expérience prouve qu'il n'en est pas ainsi. Trente-cinq ans nous séparent de l'inondation de 1859. La plupart de ceux qui y assisté sont morts, ou ont quitté le pays. Les souvenirs de beaucoup d'autres, trop jeunes à cette époque, sont vagues. Il est donc bon de rappeler, à une génération trop oublieuse, comment les choses se sont passées. La ville croyait que son enceinte, récemment étendue et qui devait la protéger contre l'ennemi, pourrait aussi la garantir de l'invasion des eaux. On complait encore sur une circonstance très favorable. L'expérience prouve que les crues de l'Isère et du Drac n'ont *jamais* lieu en même temps. Celles-ci précèdent toujours celles-là de 24 à 30 heures. Comme les inondations cessent avec la même rapidité qu'elles apparaissent, il n'y a jamais simultanéité dans les dangers qu'elles causent.

Le 20 octobre 1859, les eaux étaient très basses, au-dessous même de la marque indiquant l'étiage. Elles avaient diminué d'une manière très régulière depuis la fin de juillet, et commencèrent à se relever peu à peu. Le 30 octobre, elles étaient encore inférieures aux eaux moyennes de la fonte des neiges. Une crue rapide eut lieu le 31 octobre et dans le courant de la nuit suivante. Les endroits bas de la plaine furent couverts d'un blanc d'eau, mais la crue s'arrêta dans la journée du 1er novembre. Elle atteignait alors 3 mètres à l'échelle de la Perrière, niveau que l'on avait constaté cinq fois depuis 1840. Jusqu'alors donc, rien d'inquiétant ; mais elle s'éleva avec rapidité à partir de 5 heures du soir, et, en 24 heures, elle atteignit une hauteur de plus de 5 mètres 1/2, à l'échelle de la Perrière. Partout les digues furent rompues ; au-dessus comme au-dessous de Grenoble la plaine était couverte d'eau. Les arbres et les vignes en treillages émergeaient seuls. Les fermes, les granges étaient inondées. De nombreux cultivateurs, les travailleurs qui renforçaient les digues, surpris et affolés de peur, se réfugiaient sur les arbres, appelant au secours. Les routes étaient sous l'eau, le chemin de fer coupé en maints endroits entre Grenoble et Voreppe. Le Drac, envahi lui-même, refluait jusqu'à une certaine distance. Le courant entraînait des arbres, des meules de blé ou de foin, des meubles, des troupeaux, des cadavres. On vit passer sous les ponts de Grenoble un berceau contenant un petit enfant endormi, qu'il ne fut pas possible d'atteindre. Du Fontanil, où je me trouvais alors, je pus contempler cet émouvant spectacle dans toute sa splendide horreur.

A Grenoble, le courant torrentiel, coupant la plaine des Sablons et l'Ile-Verte, bouleversait le cimetière et se précipitait avec violence entre Saint-Laurent et la Citadelle. Le faubourg Saint-Laurent, qui était très bas, fut immédiatement inondé, et l'eau atteignit le premier étage des maisons. Ce n'est pas, toutefois, du côté de la rivière que la ville fut atteinte d'abord. L'enceinte, percée d'un certain nombre de portes, est formée d'un mur d'escarpe à voûtes en décharge munies de créneaux. Le fossé est précédé d'un glacis, dont la crète n'avait pas été mise partout à hauteur, faute de remblais suffisants. Les eaux répandues dans la plaine se jetèrent par ces brèches dans le fossé, pénétrèrent par les créneaux, par les bouches d'égout, dans la galerie d'escarpe, et de là dans la ville. Puis, la rivière enflant toujours, tous les passages des portes, les quais, les canaux de la Mogne et du Verderet furent envahis à la fois. L'eau était partout, circulant avec rapidité au travers de la ville et dans les fossés, comme dans la rivière elle-même, atteignant une hauteur qui s'éleva en quelques endroits à un mètre, en d'autres à deux mètres. Un canonnier à cheval, emporté par le courant dans la rue Très-Cloître, ne fut sauvé qu'avec peine. Presque toutes les marchandises déposées dans les caves ou les rez-de-chaussée des maisons furent gâtées ou détruites, et le commerce de la ville eut à supporter des pertes considérables. La crue atteignit son maximum à six heures du soir, mais la nuit fut terrible. Le flot s'écoula enfin, portant ses ravages ailleurs, et, dans

la journée du 3 novembre, tout danger était passé pour
la ville, mais non pour la plaine. Là, les eaux séjour-
nèrent des mois, jusqu'à ce qu'on eut réparé les digues,
fermé les brèches, assuré l'écoulement des eaux res-
tées stagnantes. A Grenoble, il fallut épuiser l'eau dans
les caves, enlever la boue et les immondices dont elles
étaient encombrées, sécher les habitations, réparer les
ruines, et une humidité persistante causa de nombreuses maladies. La crue des eaux paraît avoir été de
30 à 50 centimètres inférieure aux inondations de 1733,
1740 et 1778. On n'a pas de renseignements exacts sur
l'inondation de 1816. Quant à celle de 1856, causée par le
Drac, elle s'est fait surtout sentir à Grenoble par le refoulement des eaux de l'Isère. Au-dessous du confluent des
deux rivières, les dégâts ont été plus grands qu'en 1859.
Les détails donnés par l'auteur de *Grenoblo Malhérou*,
sur les désastres causés par l'inondation de 1740, sont
entièrement applicables à celle de 1859. Le courant de
l'eau, qui s'était jetée dans les fossés des fortifications,
venant couper à angle droit le courant principal, y
produisit un remous violent, qui a fortement endom-
magé et presque détruit la porte Créqui.

Quelles mesures a-t-on prises pour éviter à la ville
de Grenoble cette submersion, qu'elle est menacée de
subir plusieurs fois par siècle?

Les quais ont été achevés et relevés à une hauteur
dépassant les plus hautes crues connues.

La crête des glacis a été relevée de manière à empê-
cher l'introduction de l'eau de l'Isère dans les fossés,
et des dispositions de barrages ont été préparées sur
toutes les routes, au droit des glacis. — Plus tard,
cette mesure a été complétée par une autre précaution. Les contre-gardes établies dans le fossé ont été
réunies entre elles, de sorte que si la partie extérieure
du fossé était envahie, l'eau n'atteindrait encore pas le
mur d'escarpe.

La Petite-Mogne a été supprimée, des vannes auto-
mobiles ont été placées à l'entrée et à la sortie de
toutes les prises d'eau qui traversent la ville, de manière à ce qu'elles se ferment d'elles-mêmes en cas de
crue.

Un canal d'évacuation des eaux d'égout a été conduit

assez loin pour que le remous ne puisse pénétrer dans la ville.

A ces précautions, dont l'objet est de faire de Grenoble un ilot complètement isolé dans la plaine, on en a ajouté une autre, pour diminuer l'intumescence des eaux. Les digues protectrices de la vallée s'arrêtent à Gières; les deux grandes boucles des Sablons et de l'Ile-Verte, abandonnées à l'inondation en amont de Grenoble, toute l'étendue de la presqu'ile du Polygone, en aval, forment de vastes déversoirs où les eaux de crue doivent se répandre librement, en formant des lacs temporaires, afin de diminuer la surélévation locale produite par le resserrement du lit de la rivière *intra-muros*.

Ces précautions, qui ont été mûrement discutées par des ingénieurs très capables, tout dévoués aux intérêts de la ville, sont-elles suffisantes? Doivent-elles inspirer une sécurité complète. Je ne le crois pas, et, lorsque j'en ai causé avec eux, ils ne m'ont pas paru pleinement rassurés. « Nous avons fait tout ce que nous avons cru possible », m'ont-ils dit.

Sous le bénéfice des réserves que nous avons indiquées plus haut au sujet de l'exactitude des évaluations, on estime que le volume des eaux d'inondation était de 1,600 mètres cubes par seconde, dont 1,400 s'écoulaient par le lit de la rivière et 200 à travers la ville, par le fossé de l'enceinte et par la plaine au-delà des glacis. L'écoulement à travers la ville était important, quoique entravé par les détours des rues. Il y avait deux mètres d'eau à la porte Très-Cloître. Cette eau rejoignait la rivière par les quais et la porte Créqui, et le fossé des remparts par la porte de Bonne, submergée d'un mètre. La plupart de celle qui avait envahi la plaine rejoignait aussi le fossé, et il ne restait qu'un blanc d'eau, une lame fort mince, à l'ouest de la ville. L'inondation était limitée à la rencontre des cours Berriat et Saint-André.

Ces divers débouchés ayant été fermés par les travaux de défense, toute l'eau doit s'écouler aujourd'hui par le lit si restreint de la rivière, en augmentant la rapidité du courant. On espère, par le relèvement des quais, pouvoir fournir à un débit de 1,800 mètres cubes, correspondant à celui des grandes crues du siècle dernier. Mais cette espérance peut être déçue, par suite des remous, des tourbillons violents qui se produisent en divers endroits et aux abords des ponts, qui peuvent entraver dangereusement le passage des eaux. On a supposé que le débouché des ponts resterait toujours libre. C'est un espoir qui ne se réalisera pas toujours, cela est certain. Les crues entraînent des arbres, des meules, une quantité de débris, dont quelques-uns s'arrêteront, au moins pour un temps, au passage des arches, et causeront une surélévation de l'eau qui peut devenir considérable. Il est impossible de prévoir l'importance et la nature de ces accidents, mais on doit admettre qu'il s'en produira. Tout calcul de la quantité d'eau qui passe dans le lit d'une rivière suppose que ce lit est libre et reste libre, ce qui ne se réalise pas dans une rivière débordée. A toutes les grosses crues de l'Isère, des ponts ou des quais ont été ainsi renversés, ce qui est une nouvelle cause d'obstruction.

Des ingénieurs, frappés de ces dangers, ont proposé diverses solutions : faire un canal de dérivation au sud de la ville; mais le niveau du Drac, supérieur à celui de l'Isère, s'y oppose. Faire passer ce canal à travers la nouvelle enceinte, ce serait introduire, à coup sûr, le loup dans la bergerie, car le niveau de la plaine, qui s'abaisse depuis la Croix-Rouge jusqu'à la Capuche, se relève ensuite jusqu'au Drac. Le chemin des Glaires marque à peu près la partie la plus déclive de la plaine. On a proposé aussi de faire un canal en tunnel sous le Rachais. Mais, pour avoir une action efficace, il faudrait qu'il eût une dimension approchant de celle de la rivière elle-même, ce qui ne serait pas admissible.

Il faut donc se borner à augmenter le débit de l'Isère dans toute la mesure possible, et, sous ce rapport, il est regrettable qu'en établissant la porte Saint-Laurent pour y ménager une place, très utile, je le reconnais, on ait avancé le quai de deux mètres sur la rivière. Le comité des fortifications a signalé ce défaut, mais sans insister, car ce n'était pas de sa compétence. Le danger nous semble si grand, que nous n'hésiterions pas à proposer des mesures radicales. Songez que, en 1859, la pente de l'Isère, qui aux eaux moyennes est de 0m82 entre le bas de la Tronche et l'Abattoir, s'est élevée à plus de 2m30. A partir de ce dernier point, la crue a diminué d'un mètre, l'eau s'étalant sur la surface du Polygone. Cet abaissement, dû à la submersion du Polygone, a seul préservé la ville d'un désastre plus complet.

Il est donc très important de débarrasser le lit de l'Isère de tout ce qui peut l'obstruer dans la traversée de la ville, de le draguer autant que le permettent les fondations des quais et des ponts, de maintenir sujets à l'inondation les Sablons, l'Ile-Verte et le Polygone. L'eau devant s'y élever progressivement n'y causera pas de grands dégâts. Le nouveau pont de pierre a des fondations profondes et les piles n'en sont pas trop épaisses. Il n'en est pas de même de l'ancien, dont les grosses piles protégées par de larges empierrements et les voûtes en anse de panier constituent un danger sérieux, car il s'y fait des remous très forts, et les arches risquent d'arrêter les corps flottants. Nous voudrions aussi voir relever de 50 centimètres les murs de quais. Enfin, comme aucune précaution n'est à négliger, il faudrait relever le plus possible le sol des routes, à l'entrée de la ville, au droit des glacis ou des contregardes, pour diminuer la hauteur des barrages à faire au moment d'une inondation. Les ingénieurs des ponts et chaussées demandaient cela en 1880; il est regrettable que le génie n'y ait pas accédé, au moins en partie.

Lors de l'agrandissement de Grenoble, la construction de la nouvelle enceinte, au point de vue des inondations, a donné lieu à des conférences officielles et à de nombreuses conversations officieuses avec les ingénieurs qui avaient exécuté des travaux défensifs à la suite de l'inondation de 1859. Il fut convenu de réunir les contregardes pour éviter plus sûrement l'entrée de l'eau dans les fossés et de préserver par des barrages toutes les voies qui seraient ouvertes dans la nouvelle enceinte, ce qui parut suffisant pour la ville. Mais il faut reconnaître que l'interdiction de l'entrée des eaux dans les fossés et l'extension de l'obstacle apporté au passage d'un courant *extra-muros*, ont grandement modifié la situation à l'égard de la plaine. Le niveau de l'eau, aux abords de la porte Très-Cloître, s'établissait à la cote 215,48; il n'était plus que 213,42 au cours Saint-André. L'écoulement des eaux à travers la plaine produisait cette pente de plus de deux mètres. Du moment où il n'aura plus lieu, il se formera un lac, à la cote 215,48, et même un peu plus haut, si l'inondation atteint le même niveau qu'en 1740. Un vaste terrain, préservé en 1859, se trouverait donc exposé à l'inondation et atteint d'une façon très dangereuse. L'École normale, les casernes alpines et toutes les habitations voisines pourraient avoir de un à deux mètres d'eau. On devrait les garantir de ce danger en relevant le chemin d'Eybens ou celui de Bresson jusqu'à la cote 215,50, et même, pour plus de sécurité, à celle de 216, afin d'avoir, en tout cas, une revanche suffisante. Ce serait pour la ville aussi un surcroît de sécurité qui ne serait pas à dédaigner, mais une raison de plus pour creuser le lit de l'Isère, afin d'y assurer le passage de toutes les eaux, quelle qu'en fût la masse. On nous semble avoir été imprudent en élevant un grand quartier militaire hors de l'enceinte, et dans une situation si menacée. On commettrait une faute plus grave encore en reportant les établissements de l'artillerie au Polygone, qui est souvent couvert d'un blanc d'eau, et qui *doit, par destination spéciale*, recevoir les eaux d'inondation, afin de préserver la ville. L'éventualité d'une inondation partielle des terrains du Polygone n'est pas une rareté. Elle se présente en moyenne tous les cinq ou six ans. On ne saurait trop le répéter, l'inondation du Polygone, qui ne nuit à personne, est une garantie indispensable de la sécurité de Grenoble.

En résumé, Grenoble n'a aujourd'hui rien à craindre du Drac, mais l'Isère est une menace qui peut se réaliser d'un jour à l'autre, à une époque quelconque de l'année. Les précautions prises pour garantir la ville seront efficaces, s'il ne survient aucun imprévu. Mais une grande inondation n'est-elle pas un fait imprévu, dont toutes les circonstances sont également imprévues? Il est donc d'une sagesse élémentaire de prendre, d'exagérer même les précautions, c'est-à-dire assurer complètement l'isolement de la ville, augmenter le plus possible le lit de la rivière, par des dragages, diminuer l'obstruction des ponts, continuer de soumettre à l'inondation de vastes espaces en amont et en aval, afin d'y préparer des lacs déversoirs, qui atténuent la surélévation de l'eau dans le défilé que forme la ville.

La plaine sera toujours soumise aux inondations de l'Isère et à celles du Drac au-dessous du confluent, tant que l'on n'aura pas préparé un lit supplémentaire pour recevoir l'excédent d'eau que le lit actuel est incapable de débiter. Le bénéfice de la garantie obtenue compenserait-il la dépense considérable des travaux ? C'est un point que nous ne sommes pas à même d'élucider.

Grenoble. — Imprimerie du Journal *Le Dauphiné*. — [...]

BIBLIOTHÈQUE HISTORIQUE DU DAUPHINÉ

175

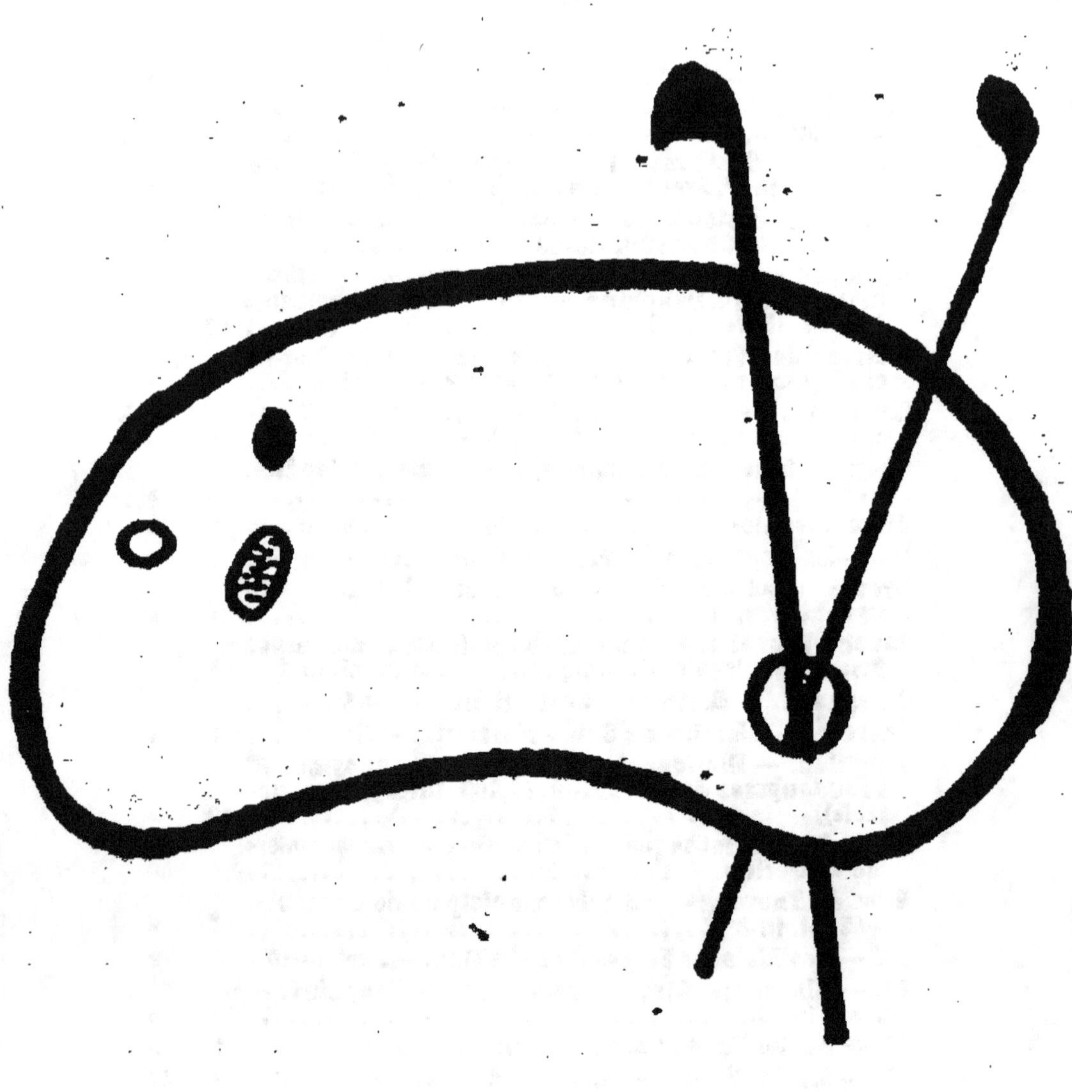